뭐든 다 요리하는 아저씨
Uncle
Forest
엉클 포레스트!

별걸 다 요리하는 아저씨

버미네집
레시피북 1탄

이세희 지음

- 행복한 습관과 기억으로의 초대 -

'요리'는 단순히 음식을 만드는 것만이 아니라 가족을 하나로 이어 주는 힘이 있다고 생각합니다. 바쁜 일상 속에서 주방에서 요리하는 시간은 가족과 더 가까워질 수 있는 기회가 되었고, 아빠가 적극적으로 육아에 참여하고 요리하는 것이 버미네의 웃음과 평화를 지키는 중요한 포인트가 되었습니다. 맛있는 레시피로 가족에게 사랑과 전할 수 있었습니다. 함께 모인 식탁에서 일상을 나누는 대화는 버미네에 따스한 온기를 더해 주었고, 맛있게 먹어 주는 가족의 반응은 언제나 저에게 큰 기쁨을 주었습니다.

영화 라따뚜이의 "누구나 요리할 수 있다."는 대사처럼 요리는 잘하는 사람만 할 수 있는 것이 아닙니다. 서툴어도 자기만의 방법과 느낌으로 정성을 담는 것이 중요합니다. 책을 보시다 보면 음식과 관련된 몇 개의 영화를 제가 인용했는데요…. 원고를 쓰다 보니 그 영화들이 생각이 나서 스크랩하면서 생각을 곁들였습니다. 함께 봐주시면 좋겠습니다.

무엇보다도 소개가 거창하고 복잡한 음식이 아닌 간단하고 쉬운 레시피라도 따뜻한 마음으로 만든 음식들이 행복한 시간과 기억을 만들어 줄 것입니다.

요리가 가족들과 소통할 수 있는 또 다른 방법이 될 수 있음을, 그리고 그 속에서 발견하는 작은 행복들이 얼마나 소중한지 느껴 보시기 바랍니다.

버미네집 주인장

이세희

서문

너를 위한 파스타, 널 향한 사랑

"사랑해."

라고 말하는 나는 달려갈

CHAPTER 1

대신
주방으로
거야!

Couscous Salad

INGREDIENT

쿠스쿠스 X 3스푼

뜨거운 물 X 5스푼   소금 X 1꼬집

양상추 X 1줌   루꼴라 X 1줌   방울토마토 X 3개

래디쉬 X 1개   레몬 X 조금

SAUCE

올리브오일 3스푼, 레몬즙 2스푼,
다진 마늘 0.5스푼, 발사믹식초 1스푼

❶ 쿠스쿠스에 소금 1꼬집을 넣고 뜨거운 물에
   20분간 불려 주세요.

❷ 접시에 다양한 채소와 쿠스쿠스를 담고 소스를
   부어 주세요.

❸ 깨끗하게 씻은 레몬 껍질을 갈아 뿌려 주세요.

시금치페스토파스타

Spinach Pesto Pasta

INGREDIENT

리가토니 X 80g

다진 잣 X 0.5스푼

SPINACH PESTO

시금치 80g, 올리브오일 0.5컵(100ml), 잣 30알, 아몬드 10알,
통마늘 5알, 소금 0.3스푼, 파마산(파르메산) 치즈 3스푼

❶ 깨끗하게 손질한 시금치를 끓는 물에 살짝 데쳐
물기를 제거해요.

❷ 나머지 재료와 함께 블렌더에 갈아 주세요.

❸ 삶은 리가토니에 시금치페스토 2스푼을
버무린 후 다진 잣을 올려 주세요.

Bean Pasta

INGREDIENT

오르기에떼 X 80g

호랑이콩 X 0.5컵

강낭콩 X 0.5컵

SAUCE

올리브오일 4스푼, 레몬즙 1.5스푼, 다진 양파 2스푼,
겨자씨 0.5스푼, 다진 파프리카 1스푼

❶ 볼에 삶은 오르기에떼와 호랑이콩, 강낭콩을 넣고
   소스와 잘 버무려 주세요.

생의 한 중간에서

기록하는

소소한 행복의 자취들....

엔초비파스타

Anchovy Pasta

INGREDIENT

페투치네 X 80g

엔초비 X 2마리

마늘 X 4알

미니 아스파라거스 X 6개

페페론치노 X 8개

올리브오일 X 3스푼

❶ 엔초비 2마리를 잘게 다지고 마늘은 얇게 편으로
   썰어 주세요.

❷ 올리브오일에 마늘향을 내서 엔초비와
   미니 아스파라거스를 볶다가

❸ 삶은 페투치네, 페페론치노와 버무려 주세요.

시금치프리타타

Spinach Frittata

INGREDIENT

시금치 X 2뿌리

양파 X 0.3개

베이컨 X 2줄

양송이버섯 X 2개

달걀 X 3개 소금 X 2꼬집

우유 X 5스푼 가염 버터 X 1조각(15g)

모짜렐라 치즈 X 1줌 후춧가루

❶ 볼에 달걀 3개, 우유 5스푼, 소금 2꼬집을 풀어서 준비해요.

❷ 팬에 버터를 녹여 양파, 베이컨, 버섯을 넣고, 후춧가루를 톡톡 쳐서 볶아 주세요.

❸ 시금치를 넣어 뒤적이다 숨이 살짝 죽으면 달걀물을 붓고
모짜렐라 치즈를 올려요.

❹ 에어프라이어 170도에서 15분 동안 색이 노릇해질 때까지
구워 주세요.

Brunch
6
-

달걀 브런치

Egg Brunch

INGREDIENT

달걀 X 6개

슬라이스 햄 X 6장

에멘탈 치즈 X 3장

양상추 X 3장

❶ 달걀을 볼에 풀어 지단을 만들어 주세요.

❷ 지단을 4등분으로 나누고 각각의 구역에
  양상추, 에멘탈 치즈, 슬라이스 햄을 올려
  차곡차곡 접어 주세요.

Brunch
7
—

라따뚜이

Ratatouille

INGREDIENT

애호박 X 2개

가지 X 2개

토마토 X 4개

시판 토마토파스타소스 X 1컵

올리브오일 X 3스푼

그라나파다노 치즈

소금 X 2꼬집

❶ 애호박, 가지, 토마토를 슬라이스해서
   준비해 주세요.

❷ 오븐 용기에 토마토파스타소스를 깔고
   3색 야채를 줄 세워 주세요.

❸ 줄 세운 야채에 소금 2꼬집을 뿌리고 올리브오일을
   골고루 발라 주세요.

❹ 180도로 예열한 오븐에서 색을 보며 20~30분간
   구워 주세요.

❺ 마지막으로 위에 그라나파다노 치즈를 솔솔
   뿌려 주세요.

웃음이
묻어나는
주방

나는
웃음을 요리하는
웃쉐프

토마토파르시

Tomato Parsi

INGREDIENT

토마토 X 3개

다진 소고기 X 100g

다진 양파 X 2스푼

다진 마늘 X 0.3스푼

달걀노른자 X 1개

빵가루 X 2스푼   소금 X 2꼬집   후추 X 1꼬집

파슬리 가루 X 2꼬집   모짜렐라 치즈 X 2스푼

 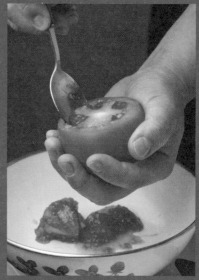

❶ 토마토 윗부분을 잘라 내고 숟가락으로 속을 파낸 후
　뒤집어서 물기를 제거해 주세요.

❷ 볼에 다진 소고기 100g, 다진 양파 2스푼, 다진 마늘
　0.3스푼, 달걀노른자 1개, 빵가루 2스푼, 소금 2꼬집,
　후추 1꼬집, 파슬리 가루 2꼬집을 넣어 반죽해서,

❸ 토마토 안쪽에 채워 주세요.

❹ 190도로 예열한 오븐에서 20분간 익힌 후, 모짜렐라 치즈 2스푼을
   올려 뚜껑을 덮고 5분간 더 구워 주세요.

Brunch

9

-

Pudding
Egg Steamed

INGREDIENT

달걀 X 4개

소금 X 0.2스푼

참치액 X 1.5스푼

참기름 X 0.5스푼

끓인 물 X 350ml

❶ 내열 용기에 달걀 4개, 소금 0.2스푼, 참치액 1.5스푼, 참기름 0.5스푼을 풀고 끓인 물 350ml를 조금씩 부어 가며 잘 섞어 주세요.

❷ 전자레인지(700w)에 넣고 4분간 가열해 주세요.

양송이스프

Mushroom soup

INGREDIENT

양송이 X 200g

양파 X 0.5개

올리브오일 X 3스푼

가염 버터 X 2조각(30g)

밀가루 X 4스푼   우유 X 2컵(400ml)

파마산(파르메산) 치즈 가루 X 3스푼

치킨스톡 X 0.5스푼   소금 X 2꼬집   후춧가루

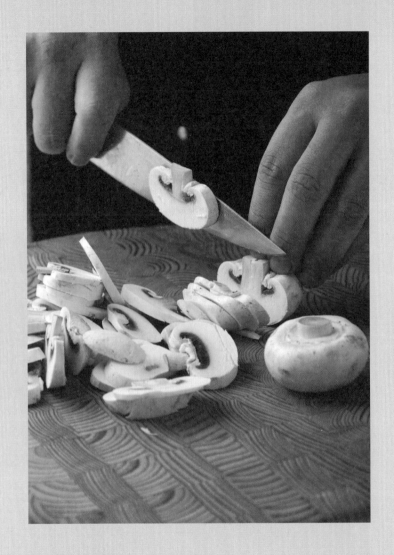

❶ 팬에 올리브오일을 두르고 채 썬 양파와 양송이를 노릇해질
때까지 볶아 주세요.

❷ 볶은 양파와 양송이에 우유 2컵을 더해 블렌더에 넣고 곱게
갈아 준비해 주세요.

먹고 기도하고 사랑하라
Eat Pray Love

"그리울 땐
그냥 그리워 해.

사랑도 언젠간
바닥나는 거야...."

인생에서 한 번쯤은 누구나 멈춰 서서 자신에게 질문을 던지는 순간이 있습니다. 저도 그랬습니다. 어느 날 문득, 내가 가고 있는 이 길이 과연 맞는지, 그리고 진정으로 나를 행복하게 만드는 것이 무엇인지 고민하던 시절이 있었습니다. 그 답을 찾기 위해 요리를 시작했습니다.
주인공 리즈가 세상을 떠나 자신을 발견하듯, 저는 가족들을 위한 음식을 만들면서 저의 기쁨을 찾기 시작했습니다.

❸ 냄비에 버터를 녹이고 밀가루를 넣어
약불에서 눌어붙지 않게 저어 가며 루를
만들어 주세요.

❹ 갈아 놓은 재료와 파마산 치즈 가루, 치킨
스톡을 넣고 루가 뭉치지 않게 풀어 가며
뭉근하게 끓여 주면 완성!

아보카도 브루스케타

Avocado Bruschetta

INGREDIENT

통밀빵

아보카도 X 1개

저염 명란 X 1개

참치 X 1캔   마요네즈 X 1스푼

다진 양파 X 1스푼   파슬리 가루

SAUCE

올리브오일 3스푼, 다진 양파 0.5스푼, 겨자씨 약간

❶ 명란은 껍질을 벗기고 참치는 기름을 빼서 다진 양파,
   마요네즈 1스푼과 섞어 준비해 주세요.

❷ 잘 익은 아보카도를 얇게 잘라 통밀빵 위에 깔고
   참치와 명란을 올려 주세요.

우리 아이를 위한 기도,

어린이 메뉴 · 빵

키즈토랑

또띠아소세지말이

Tortilla Sausage Roll

INGREDIENT

또띠아 18cm X 4장

소세지 X 4개

체다 치즈 X 6장

달걀 X 1개

케찹

❶ 또띠아의 양쪽 끝부분을 조금 잘라 내고
   체다 치즈, 소세지를 올려 돌돌 말아 주세요.

❷ 말아 놓은 또띠아는 달걀물을 입혀 팬에서
   굴려 가며 익혀요.

❸ 꼬지를 꼽고 케첩을 뿌려 주세요.

Bread
2

Cheese Mayo
Potatoes

INGREDIENT

감자 X 27개

베이컨 X 2줄

마요네즈 X 2스푼

간장 X 1스푼

모짜렐라 치즈 X 3스푼

파슬리 가루

❶ 베이컨을 잘게 잘라 바싹하게 구워 준비해 주세요.

❷ 감자를 작게 빗겨 썰어 볼에 담고, 마요네즈 2스푼,
   간장 1스푼을 넣고 버무려 주세요.

❸ 내열 용기에 감자와 모짜렐라 치즈를 골고루 담아
   전자레인지에서 7분간 익혀 주세요.

❹ 파슬리 가루를 뿌리고 베이컨을 올려 주세요.

Tortilla Roll

INGREDIENT

또띠아 X 2장

달걀 X 2개

베이컨 X 2줄

양송이버섯 X 2개

양파 X 0.57개

모짜렐라 치즈 X 0.5컵

설탕 X 1스푼

❶ 베이컨, 양파, 버섯을 잘게 잘라
   팬에 볶아 덜어 두고,

라따뚜이

"내가 말하는 것은 사실이야.

누구든
요리할 수 있어."

애니메이션 라따뚜이에서 최고의 요리사를 꿈꾸는 쥐 레미의 이야기가
생각납니다. "누구나 요리할 수 있다."라는 대사처럼 비록 서툴더라도
누구나 자기 스타일로 사랑하는 사람을 위한 음식을 만들 수 있습니다.
저도 레미가 주방에서 모험을 떠나듯 매일 새로운 레시피를 생각하며
도전해 보았습니다.

❷ 팬에 버터를 녹여 달걀 1개를 넣고 펼쳐 준 후
또띠아를 덮어 주세요.

❸ 10초 후 뒤집어서 속재료를 올린 후 두 번 접어
주세요. 앞뒤로 구워 주세요.

꿀피자

Honey Pizza

INGREDIENT

또띠아 X 2장

꿀 X 2스푼

다진 마늘 X 1스푼

모짜렐라 치즈 X 100g

콘옥수수 X 0.5컵

파슬리 가루

❶ 다진 마늘 1스푼과 꿀 2스푼을 섞어 또띠아에 골고루 펴
　바르고 콘옥수수와 치즈를 올려 주세요.

❷ 180도로 예열한 오븐에서 노릇하게 2~3분간 굽고
　파슬리 가루와 꿀을 뿌려 주세요.

송이송이피자

Mushroom Pizza

INGREDIENT

양송이버섯 X 16개

시판 토마토파스타소스 X 6스푼

모짜렐라 치즈 X 0.5컵

파슬리 가루

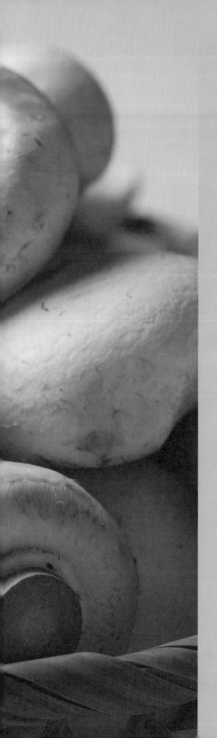

❶ 양송이는 깨끗한 행주로 겉을
살짝 닦고 꼭지를 따 주세요.

❷ 토마토파스타소스를 버섯 속에 넣고 치즈를 올려 주세요.

❸ 180도로 예열한 오븐에서 6분간 익힌 후 파슬리 가루를
   솔솔 뿌려 주세요.

떠먹는 피자

Spoon Pizza

INGREDIENT

식빵 X 3장

베이컨 X 2줄

미니 파프리카 X 2개

양파 X 0.5개

옥수수 X 2스푼

모짜렐라 치즈 X 1컵

시판 토마토파스타소스 X 6스푼

파슬리 가루

❶ 오븐 용기에 식빵 3장을 찢어 담고 베이컨, 야채, 옥수수를
  토핑으로 올려 주세요.

일상을 영화처럼,

영화를 일상처럼....

❷ 토마토파스타소스와 모짜렐라 치즈를 올리고
  180도로 예열한 오븐에서 4분간 익힌 후
  파슬리 가루를 솔솔 뿌려 주세요.

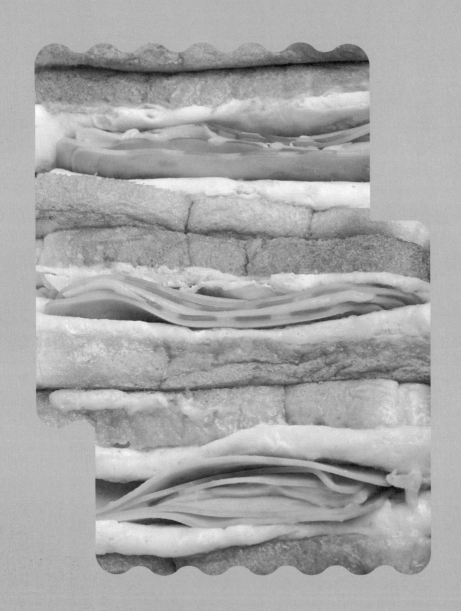

치즈토스트

Cheese Toast

INGREDIENT

식빵 X 2장

달걀 X 4개

체다 치즈 X 2장

햄 X 2장

설탕 X 1스푼

소금 X 1꼬집

❶ 소금 1꼬집으로 간을 한 달걀 4개를 그릇에
    풀어 놓고,

❷ 팬에 식용유 살짝 둘러 달걀물을 붓고
    빵을 올려 달걀이 익으면,

❸ 뒤집어 튀어나온 달걀을 안으로 말아 넣어 주세요.

줄리&줄리아

"고급스럽거나
복잡한 걸
요리할 필요는 없어요.

그냥 좋은 재료로 만든
음식이면 돼요."

평범한 삶을 살던 줄리가 요리 블로그를 시작하면서 새로운 꿈을 향해
나아가는 이야기를 그린 영화입니다. 저도 그랬습니다. 직장 생활을 하던
반복된 일상 속에서 새로운 변화를 찾다가 시작하게 된 요리였습니다.
처음은 가족을 위한 요리였지만 다른 분들과 레시피를 나누고 싶어서
SNS를 시작하게 되었고, 따뜻한 응원 덕에 더욱 힘을 낼 수 있었습니다.
요리는 저에게 신나고 재미있는 일이 되었고, 이제는 더 많은 분들에게 그
기쁨을 전하고 싶습니다.

❹ 설탕을 솔솔 뿌리고 햄과 체다 치즈를 올려 반으로
   접어 주세요.

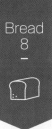

Bread
8
—

Cube Toast

INGREDIENT

식빵 X 3장

체다 치즈 X 2장

달걀 X 17개

슈거 파우더 X 0.2스푼

❶ 식빵 3장 사이에 체다 치즈를 넣고 테두리를
   잘라 주세요.

❷ 주사위 모양으로 4등분을 해서,

❸ 달걀물에 살짝만 담갔다가 팬에 노릇하게 굴려
   가며 구워 주세요.

❹ 슈거 파우더를 솔솔 뿌려 주세요.

식빵 사이를 치즈 대신
잼으로 채워도 좋아요.

크림치즈오이샌드위치

Cream Cheese
and Cucumber
Sandwich

INGREDIENT

식빵 X 2장

크림치즈 X 50g

오이 X 17개

올리브오일

크러쉬드 레드페퍼   핑크페퍼

맛소금 X 0.5스푼

❶ 볼에 슬라이스한 오이를 담고 맛소금 0.5스푼을 섞어
   5분 동안 절여 주세요.

❷ 식빵을 노릇하게 구워 크림치즈를 펴 바르고,

❸ 물기를 꼭 짠 오이를 식빵 위에 가지런히 올려 주세요.

❹ 그 위에 올리브오일, 크러쉬드 레드페퍼, 핑크페퍼를
  뿌려 주세요.

❺ 마른 팬에 식빵을 올리고 중불에서 타지 않게 뒤집어
  가며 1~2분 구우면 바삭해져요.

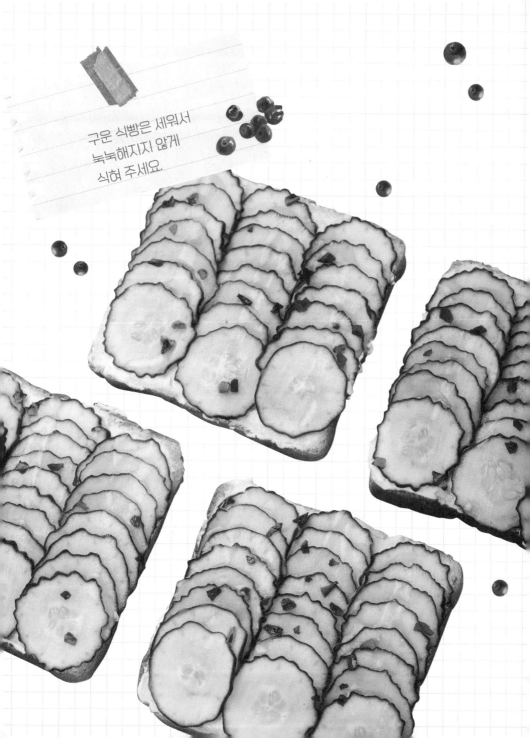

구운 식빵은 세워서
눅눅해지지 않게
식혀 주세요.

Nutritious Egg Bread

INGREDIENT

달걀 X 6개

체다 치즈 X 1장

우유 X 0.5컵(100ml)

핫케이크 가루 X 1컵(200ml)

설탕 X 1스푼

올리브오일

케첩

❶ 우유 0.5컵, 핫케이크 가루 1컵, 달걀 1개,
설탕 1스푼을 섞어 반죽을 준비하고,

❷ 빵틀에 오일을 살짝 코팅 후 반죽을 1/3만
부어 주세요.

❸ 빵틀 안에 달걀을 하나씩 넣고 반죽을
조금만 더 채워서 체다 치즈 조각을 올려
주세요.

❹ 180도로 예열한 오븐에서 12분간 구워 주세요.

오트밀바나나블루베리빵

Oatmeal,
Banana and Blueberry
Bread

INGREDIENT

바나나 X 27H

블루베리 X 0.5컵

오트밀 X 100g

땅콩버터 X 2스푼

❶ 오븐 용기에 바나나와 블루베리를 담아 으깨 주세요.

❷ 오트밀 100g, 땅콩버터 2스푼을 넣어 잘 섞은 후 으깬 바나나와
   블루베리 위에 펼쳐 주세요.

❸ 170도로 예열한 오븐에서 40분간 구워 주세요.

밥에 대한
클래식한

CHAPTER 3

생각은
버려 버려!

예쁘고 맛있는데, 뭘

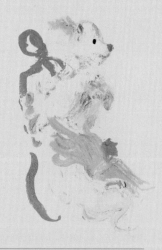

달걀크레페꼬꼬주먹밥

Egg Crepe
Coco Rice Ball

INGREDIENT

달걀 X 2개

코코넛밀크 X 2스푼

소금 X 2꼬집

밥 X 1공기

노란 옥수수   검정깨

케첩   쪽파

❶ 밥을 동글동글 뭉치고,

❷ 노란 옥수수와 검정깨로 입, 눈을 붙여
   병아리를 만들어 주세요.

❸ 달걀에 소금 간을 하고 살짝 풀어서
   팬에서 익히다가,

❹ 병아리를 올리고 팬을 기울여 가며
   달걀 이불 모양을 잡아 주세요.

❺ 쪽파, 케첩을 뿌려 주세요.

양상추크래미 김밥

Lettuce Crab
Kimbap

INGREDIENT

김밥김 X 2장

양상추 X 4장

달걀 X 4개

크래미 X 5개

오이 X 1개

맛소금 X 0.7스푼

마요네즈 X 2스푼

❶ 볼에 달걀, 맛소금 0.2스푼을 풀고
   두툼하게 달걀말이로 만들어 주세요.

❷ 오이는 채를 썰어 맛소금 0.5스푼에
   잠시 절인 후, 물기를 꼭 짜 주세요.

❸ 김 위에 양상추, 달걀, 크래미, 오이를
   올려 돌돌 말아 주세요.

❹ 야채의 물기를 꼼꼼하게 제거하는 것이
   김밥이 터지지 않는 포인트예요.

❺ 양상추는 도마에서 손으로 꾹꾹 눌러
   편 후 올려 주세요.

Rice
3
—

Cucumber Bibimbap

INGREDIENT

오이 X 1개

밥 X 1공기

맛소금 X 0.5스푼

초장 X 2스푼

깨소금 X 0.5스푼

❶ 슬라이스한 오이를 맛소금 0.5스푼에 5분간 절인 후
　물기를 꼭 짜 주세요.

❷ 그릇에 밥, 절인 오이, 초장 2스푼을 넣고 깨소금을 솔솔 뿌려
  비벼 주세요.

무채색 인생에
색깔을 입히는 건
나의 몫....

Rice
4
—

새우숙주덮밥

Shrimp and Bean Sprouts Rice Bowl

INGREDIENT

숙주 X 150g

새우 X 8마리

마늘 X 2알

올리브오일 X 2스푼   굴소스 X 2스푼

청주 X 2스푼   소금 X 0.1스푼

후추 X 0.1스푼   크러쉬드 레드페퍼 X 1스푼

❶ 올리브오일을 두른 팬에 굵게 다진 마늘을 볶아 노릇해지면
   새우를 넣어요.

❷ 소금 0.1스푼, 후추 0.1스푼, 청주 2스푼,
   크러쉬드 레드페퍼 1스푼을 넣어 볶아 주세요.

❸ 숙주와 굴소스 2스푼을 넣고 강불에서 빠르게
   숨이 죽을 정도로만 볶아 밥 위에 올려 주세요.

참치애호박덮밥

Tuna and Zucchini
Rice Bowl

INGREDIENT

애호박 X 0.5개

참치 X 1캔(100g)

달걀 X 1개 | 대파 X 0.5개 | 쪽파

대파 X 0.5개 | 밥 X 1공기 | 참기름 X 1스푼

SPICES

고춧가루 2스푼, 고추장 1스푼, 양조간장 2스푼, 굴소스 1스푼,
다진 마늘 0.5스푼, 물 2스푼, 후춧가루 1꼬집

❶ 양념을 섞어 양념장을 만들어 준비해 놓고, 애호박은 길게, 대파 흰 부분은 잘게 썰어 주세요.

❷ 약불에서 파기름을 낸 후 강불에서 애호박을 1~2분간 볶다가 양념장과 참치를 넣고 휘리릭 섞어 주세요.

음식남녀

"인생은 요리 같지 않아.

모든 재료가 준비되고 다 될 때까지
기다릴 수 없어."

호텔 레스토랑에서 요리사로 일하는 주 선생은 아내와 오래전 사별을
했습니다. 주 선생에게는 3명의 딸이 있는데, 저녁 만찬에는 항상
다같이 모여 식사를 해요. 아버지 주 선생이 준비하는 일요만찬을 보고
있으면 따듯한 집밥이 생각납니다. 사랑하는 딸들을 불러 배불리 먹이는
모습에서 가족의 사랑을 느낍니다.
음식으로 기억될 소중한 시간을 만들어 보시면 좋겠습니다.

❸ 애호박을 접시에 담고 송송 썬 쪽파를 올린 후, 달걀프라이와
   참기름 1스푼을 두르면 완성!

Egg Currybap

INGREDIENT

달걀 X 2개

양파 X 0.5개

카레 가루 X 3스푼

가염 버터 X 1조각

우유 X 3스푼

물 X 0.5컵

밥 X 1공기

완두콩

❶ 양파는 채를 썰고, 달걀 2개에
우유 3스푼을 풀어 준비해
주세요.

❷ 팬에 버터를 녹여 양파를
투명해질 때까지 볶아요.

❸ 카레 가루 3스푼, 물 0.5컵을 넣어 바글바글 끓으면
  풀어 놓은 달걀을 부어 주세요.

달걀이 완전히 익기 전에
불을 꺼 주세요.

스팸무수비꼬마김밥

Spam Musubi
Small Gimbap

INGREDIENT

밥 X 2공기

김밥김 X 3장

스팸 X 1통(200g)

달걀 X 4개

소금 X 1꼬집

참기름 X 1스푼

깨소금 X 2스푼

❶ 따뜻한 밥 2공기에 소금 1꼬집, 참기름 1스푼, 깨소금 2스푼을
  넣어 비벼 주세요.

❷ 달걀을 풀어 체에 한 번 거르고 약불에서 도톰한 지단을
  만들어 주세요.

달걀지단을 만들 때
약불로 불 조절을 하며
천천히 익혀야 표면이 부드러워요.

❸ 스팸을 길게 6등분해서 노릇하게 굽고 한 김 식힌
   달걀지단은 스팸 크기에 맞춰 잘라 주세요.

❹ 김밥김에 밥을 2/3만 얇게 펴고 스팸과 달걀지단을
   올려 네모지게 말아 주세요.

신선하게

CHAPTER 4

뭐 좀 없을까...
생각될 때,
모두를 위한 간편한 요리
툭!

Soy Sauce Bibim
Noodles

INGREDIENT

소면 X 500원 동전 크기

달걀 X 2개

쪽파 X 1줄

조미김 X 1봉지

SPICES

양조간장 2스푼, 쯔유 1스푼, 참기름 3스푼, 설탕 1스푼,
다진 마늘 0.5스푼, 통깨 1스푼

❶ 볼에 양념을 섞어 준비하고,

❷ 달걀은 노른자, 흰자로 나누어 지단을 만들어
　채를 썰어 주세요.

❸ 소면을 삶아 얼음물에 잘 헹궈 물기를 제거하고
　양념과 비벼 그릇에 담아 주세요.

행복도

꾸준한

연습이

　필요해요....

Simple
Meal
2

김치볶음우동

Kimchi Stir-fried Udon

INGREDIENT

우동면 X 1개

김치 X 0.5컵

베이컨 X 2줄

쯔유 X 1스푼

버터 X 0.5개

달걀 X 1개

쪽파

❶ 우동면 1개를 끓는 물에 데쳐 물기를 제거해
　주세요.

❷ 팬에 버터, 베이컨, 김치를 넣어 볶다가 우동면과
　쯔유 1스푼을 넣어 골고루 섞어 주세요.

❸ 그릇에 우동면을 담고 쪽파와 달걀노른자를
올려 주세요.

삶은 우동은 양념과 잘 어우러질 수
있도록 찬물에 헹구지 마세요.

연어한입구이

Grilled Salmon Fillet

INGREDIENT

연어 X 100g

양파 X 1/4개

쪽파 X 2줄

쯔유 X 1스푼

마요네즈 X 1.5스푼

김밥김 X 2장

밥 X 0.5공기

레몬즙   와사비

❶ 쪽파는 송송, 양파는 잘게 다지고 연어는 사방 1cm 크기로 잘라
   준비해 주세요.

❷ 양파, 연어, 쯔유 1스푼, 마요네즈 1.5스푼을 섞어 준비하고,

❸ 김을 4등분해서 동그랗게 다듬은 후, 김에 밥을 올려 쿠킹틀에
   넣어 주세요.

❹ 쿠킹틀에 연어와 쪽파를 담아 180도로 예열한 오븐에서
   3분간 구워 주세요.

레몬즙 뿌리고 취향껏
와사비를 곁들여 드세요.

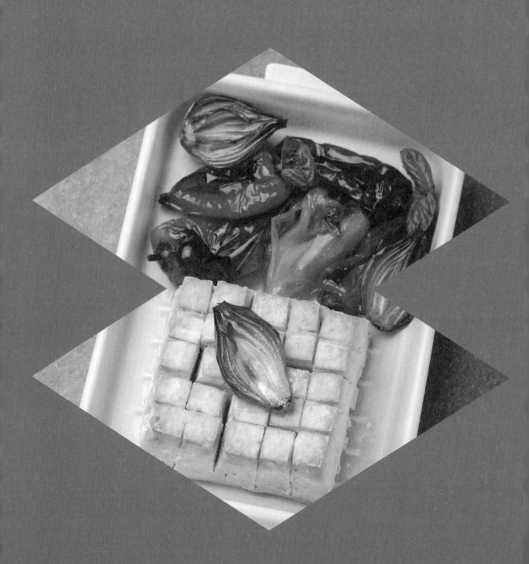

올리브오일두부구이

Olive Oil Tofu Grill

INGREDIENT

두부 X 1모

미니 파프리카

샬롯

올리브오일 X 3스푼

참치액 X 0.5스푼

맛소금 X 0.3스푼

파슬리 가루

❶ 키친타올 위에서 10분 이상
수분을 제거한 두부에 격자
모양으로 칼집을 5등분 내 주세요.

❷ 올리브오일 3스푼, 참치액 0.5스푼,
맛소금 0.3스푼을 섞어 두부와
야채에 골고루 발라 주세요.

❸ 180도로 예열한 오븐에서 20분간
구워 주세요.

Cucumber Boat

INGREDIENT

오이 X 2개

당근 X 0.1개

양파 X 0.5개

미니 파프리카 X 1개

크래미 X 3개

삶은 달걀 X 2개

마요네즈 X 2스푼   설탕 X 0.2스푼   레몬즙 X 1스푼

후춧가루   파슬리 가루

❶ 오이를 길게 반으로 잘라 씨 부분을 긁어내 주세요.

❷ 크래미, 당근, 미니 파프리카, 양파를 잘게 다져서 마요네즈 1스푼, 설탕 0.2스푼, 레몬즙 1스푼과 버무려 주세요.

❸ 삶은 달걀 흰자를 잘게 다져 노른자, 마요네즈 1스푼과 버무려 주세요.

❹ 두 가지 속재료를 오이 위에 소복하게 올려 한 입 크기로 잘라 주세요.

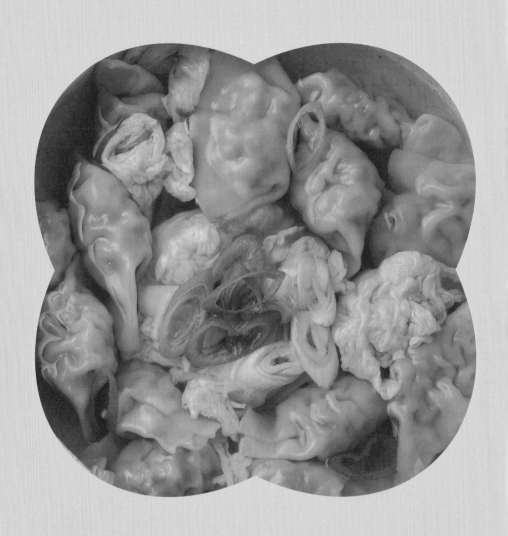

Simple
Meal
6

5 Minutes Ddumpling
Soup

INGREDIENT

물만두 X 10알

달걀 X 1개

물 X 500ml

굴소스 X 1.5스푼

다진 마늘 X 0.3스푼

대파 X 약간

❶ 물 500ml에 굴소스 1.5스푼, 다진 마늘 0.3스푼을 넣고 팔팔 끓여서,

❷ 물만두 10알을 넣고 끓이다가 2분 후 불을 줄이고 달걀을 조금씩 흘려 넣어 주세요.

❸ 송송 썬 대파를 올려 주세요.

Simple
Meal
7
—

#

Corn Ribs

INGREDIENT

옥수수 X 2개

파마산(파르메산) 치즈

파프리카 분말

파슬리 가루

SAUCE

데리야끼소스 3스푼, 무염 버터 30g, 소금 2꼬집,
후춧가루 2꼬집

❶ 옥수수를 반으로 자르고 세워서 4등분을 해 주세요.

❷ 내열 용기에 무염 버터 30g, 데리야끼소스 3스푼, 소금 2꼬집,
   후춧가루 2꼬집을 넣어 전자레인지에서 20초간 녹인 후
   옥수수에 골고루 발라 주세요.

❸ 200도 에어프라이어에서 3분간 굽고, 소스를 다시 발라 3분 간 더 구워 주세요.

❹ 파마산 치즈, 파프리카 분말, 파슬리 가루를 솔솔 뿌려 주세요.

온 가족을 위한 영양 듬뿍

주스는
마시고

CHAPTER 5

일맹이는
터트리고!

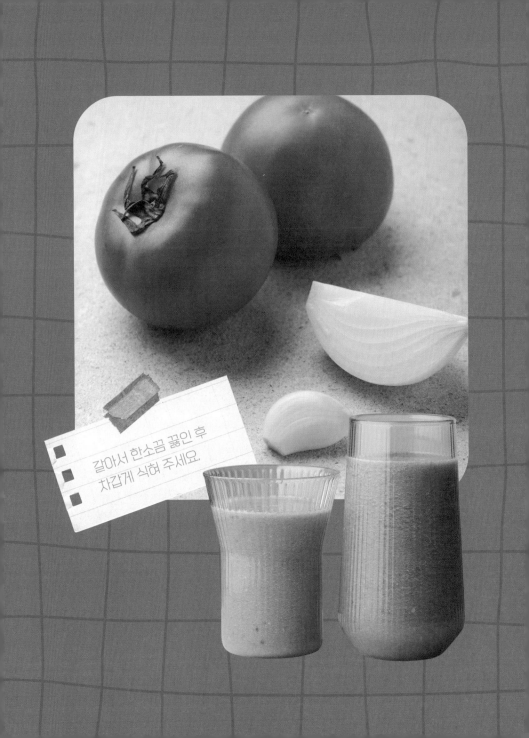

갈아서 한소끔 끓인 후
차갑게 식혀 주세요.

Juice
1
—

Anti-Cancer Tomato
Juice

INGREDIENT

토마토 X 2개

양파 X 1/4개

마늘 X 1알

물 X 1컵

몸에 좋은 CCA주스에
파인애플을 추가해 더
맛있어졌어요.

Easy to Drink CCA Juice

INGREDIENT

당근 X 0.57개

사과 X 0.57개

양배추 X 1/4개

파인애플 X 1조각

물 X 1컵

아이가 좋아해요

망고바나나스무디

Mango Banana
Smoothie

INGREDIENT

바나나 X 1개

냉동 망고 X 0.5컵

코코넛워터 X 0.5컵

살포시 걷는 시간에

만나는 온기

샤인머스켓케일주스

Shine Muscat Kale Juice

INGREDIENT

샤인머스켓 X 20알

녹즙용 케일 X 1장

코코넛워터 X 1컵

레몬즙 X 0.5스푼

Juice
5
—

Green Smoothie

INGREDIENT

사과 X 17개

녹즙용 케일 X 1장

파인애플 X 1조각

물 X 1컵

Juice
6
—

Taller Smoothie

INGREDIENT

바나나 X 17개

블루베리 X 15알

아몬드 X 10알

우유 X 1컵

프로틴 가루 X 30g

사랑해.
오늘은 어제보다 더.

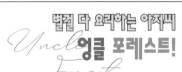

별걸 다 요리하는 아저씨
엉클 포레스트!
Uncle Forest

초판 1쇄 인쇄		글	
2024년 11월 25일		이세희	
초판 1쇄 발행			
2024년 12월 10일			

포토그래퍼
이근영(studio owau)
푸드스타일리스트
박지영(ejumma_pick)

펴낸이
백영희
펴낸곳
너와숲ENM

주소
14481 인천시 연수구
송도국제대로 261
212-3603

전화
070-4458-3230

등록
제2023-000071호

ISBN
979-11-93546-35-2(13590)

정가
20,000원

ⓒ 이세희

이 책을 만든 사람들

편집
오유경
마케팅
유승현

제작처
예림인쇄

디자인
글자와기록사이